熊猫

［美］梅利莎·吉什 著

刘西竹 译

浙江出版联合集团

浙江文艺出版社

Published in its Original Edition with the title
Pandas
Copyright © 2012 Creative Education.
This edition arranged by Himmer Winco
© for the Chinese edition：Zhejiang Literature and Art Publishing House

本书中文简体字版由北京　Himmer Winco　文化传媒有限公司独家授予
永固 奥码
浙江文艺出版社有限公司。
版权合同登记号：图字：11-2015-329号

图书在版编目（CIP）数据

熊猫／（美）梅利莎·吉什著；刘西竹译．—杭州：
浙江文艺出版社，2018.1
ISBN 978-7-5339-4749-1

Ⅰ．①熊… Ⅱ．①梅… ②刘… Ⅲ．①大熊猫－普及
读物 Ⅳ．①Q959.838-49

中国版本图书馆CIP数据核字（2017）第020540号

策划统筹　诸婧琦　　　责任编辑　柳明晔　诸婧琦
装帧设计　杨瑞霖　　　责任印制　吴春娟

熊猫

作　者　[美]梅利莎·吉什
译　者　刘西竹

浙江出版联合集团
浙江文艺出版社

出　版
地　址　杭州市体育场路347号
网　址　www.zjwycbs.cn
经　销　浙江省新华书店集团有限公司
印　刷　上海中华商务联合印刷有限公司
开　本　889毫米×1194毫米　1/12
印　张　4
插　页　4
版　次　2018年1月第1版　2018年1月第1次印刷
书　号　ISBN 978-7-5339-4749-1
定　价　29.80 元（精）

中国西南部，太阳从山顶冉冉升起。
唐家河自然保护区的竹林间云雾缭绕。

中国西南部，太阳从山顶冉冉升起。唐家河自然保护区的竹林间云雾缭绕。一只18个月大的熊猫宝宝跟随母亲穿行在茂密的森林间。熊猫妈妈回过头来，朝熊猫宝宝不耐烦地喘着粗气。它现在怀孕了，为了养育下一个幼崽，它不得不抛弃现在的孩子。熊猫宝宝哼哼唧唧地叫着，紧跟着妈妈的脚步，但熊猫妈妈突然转过身子冲它大口喘气，表示它不想被跟着。熊猫妈妈大声嚷嚷着，把熊猫宝宝赶到了旁边的一棵树上。

熊猫宝宝举起强壮的前肢，用锋利的爪子刺入树皮，一点点拽着自己往上爬，熊猫妈妈也再次转身背对着它。在枝头上，熊猫宝宝看着自己的母亲走进森林。它轻轻嗅着空气，感受到母亲的气息正逐渐消失。现在，它无依无靠，必须独自在森林里建立自己的家园。

它们住在哪儿

■ 大熊猫
中国

大熊猫曾经遍布全亚洲，但现在，这种独一无二的生物只能躲藏在中国中部和西南部的小片竹林里。图中的彩色方块代表大熊猫在四川、陕西、甘肃等省的栖息地。

吃竹子的熊

大熊猫是世界上最珍稀的动物之一。大约300万年前，世界上出现了五个熊猫品种，但现在只有大熊猫存活了下来。现代大熊猫已知最早的祖先是小种大熊猫。这一物种200万年前的化石头骨于2007年在中国出土，大熊猫的个头是它们的两倍大。几千年前，大熊猫遍布中国和东南亚，但现在，野生大熊猫只有不到1900只，它们生活在中国中部和西南部的六个封闭栖息地里。

熊猫是哺乳动物。除了鸭嘴兽和长相酷似刺猬的针鼹猬（yǎn wèi），所有的哺乳动物都是胎生，并能用乳汁喂养下一代。哺乳动物是恒温动物，这意味着它们能让体温维持在恒定水平，不随外界温度高低而变化。熊猫靠一身厚厚的毛皮在寒冷的山地栖息地里保持温暖。熊猫喜欢温度低、湿度高的环境，所以它们的冬季活动区总是建在凉爽多雨的地方，一般在海拔1500—2100米；而到了夏天，

熊猫黑毛下的皮肤接近黑色，而白毛下的皮肤是粉红色的。

东南亚的马来熊也叫蜜熊，是熊科中最小的成员。

在中国，熊猫的近亲有着奇特的别名：棕熊俗称"马熊"，马来熊俗称"狗熊"。

它们又会前往海拔更高、常年积雪的栖息地，甚至能爬到3500米的高山上。平均每只熊猫需要5平方千米的活动范围。

熊猫身体为白色，有黑色的耳朵、口鼻部、四肢和肩部，以及黑眼圈。科学家们一度认为，这样独特的黑白花纹表明了熊猫与浣熊是近亲，而现在，人们公认它们属于熊科。现代和熊类血缘关系最近的动物是鳍（qí）脚类，这一家族包含了海豹、海狮和海象。熊类和鳍脚类的共同祖先生活在2000万年前。除了熊猫，世界上还有七个熊科物种，分别是马来熊、懒熊、棕熊、北极熊、眼镜熊、美洲黑熊和亚洲黑熊。

拉丁文中"熊"（*ursus*）也出现在了大熊星座（Ursa Major）和小熊星座（Ursa Minor）的名字里。英文中的"熊"（bear），最早源自"*bher*"，在2000多年前的一种东欧语言里，这个词的意思是"油亮的棕色"。位于现在斯洛伐克、乌克兰和罗马尼亚一带的喀尔巴阡（Kā'ěrbāqiān）山脉曾经有大量

熊猫走路和爬树的样子和其他熊类一样，但它们的毛色在同类间与众不同。

小熊猫主要生活在尼泊尔、缅甸和中国中部寒冷的山地栖息地里，它们将尾巴用作毛毯来御寒。

棕熊出没，"bher"这个词描述的就是它们的特征。

　　大熊猫是身材最娇小的熊科动物之一。与能长到2.4米长、重可达400千克的棕熊以及能长到2.7米长、重量超过450千克的北极熊不同，雄性大熊猫的平均身长不超过1.8米，体重也只有100千克；雌性大熊猫的体积比雄性小10%—20%，平均体重约90千克。

　　与其他熊类圆形的瞳孔不同，熊猫有着竖直的、狭缝状的瞳孔，这与猫科动物很接近。这也正是中国人会把大熊猫叫作大熊"猫"的原因。英语中的"panda"一词来源已不可考，但历史学家们认为它源于尼泊尔语的"*nigalya ponya*"，意思是"食竹者"。这个词组曾被用来描述小熊猫——虽然现在这种外形像猫的小兽已不再属于熊猫亚科了。

　　所有的熊类都是杂食动物，这意味着它们既吃肉也吃植物，但熊猫几乎不吃肉。除了偶尔捕食的竹鼠，熊猫99%的食物都是各种竹子，这些木质草被誉为世界上生长速度最快的植物。如果附近

和大熊猫一样，小熊猫也有延长的腕骨，这能帮助它们在进食时抓住竹子。

熊猫的牙齿和其他食肉目动物都不同，却和牛等食草动物很像。

有的话，熊猫也吃花朵、藤蔓和其他草类，但它们更喜欢找到一个竹林环绕的地方，坐下来，每天不停地吃上 16 个小时，吃一顿，打个盹，再继续吃。

熊猫上下共有 42 颗牙齿，其中两对是锋利的犬齿。熊猫能像消化鲜嫩的竹叶和竹笋一样轻松消化坚硬的成年竹竿。它们将高大的竹竿咬断成 25—41 厘米长的小段，然后从中间的部分朝顶部最柔嫩的地方吃过去。如果熊猫吃完了这些还感到饿，它们就会吃竹子的下半部分。那些地方木质成分更多，更难咀嚼，所以它们必须使用强壮的后部牙齿——臼（jiù）齿，以及锋利的爪子把坚硬的竹皮剥掉，才能吃到里面柔软的部分。

熊猫的颚部十分有力，并且，它们的臼齿特别宽，这是用来磨碎竹子的完美工具。在吞咽之前，熊猫只需要把竹子咀嚼六次。竹子营养丰富，是蛋白质的好来源，但这种食物的卡路里太低，所以一只熊猫每天都要吃下大量的竹子——足足 40 千克——才能获得身体机能正常运转所需的能量。

大熊猫是唯一一种几乎只吃植物就能生存的熊科动物。

一只熊猫要建立生活区，就得在 800 米以内找到一处水源。

因为食物缺乏，其他熊类都要靠冬眠度过冬天的部分时间，甚至整个冬天，但是大熊猫一年到头都很活跃，因为它们的主食竹子一直都在生长。虽然雨雪会让空气湿度超过 80%，但熊猫的身体早就做足了应对湿冷天气的准备。它们的皮肤能分泌一种油性物质，裹住浓密的毛发，使其既能抵御寒冷侵袭，又能保持皮肤干燥。像它们的近亲北极熊一样，熊猫的脚趾和脚底的肉垫都包裹着厚厚的毛，可以保护爪子，防止结冰。前爪上延长的腕骨是熊猫特有的构造，它被称作拉长的"桡（ráo）侧籽骨"，能作为一根短拇指来活动。它与五根足趾配合，让熊猫能抓住铅笔等细的东西。

熊猫的嗅觉十分灵敏，它们以此在森林里寻找同类。熊猫是独居动物，它们一直避免与同类接触，只有到了繁殖季节，雄性熊猫才会寻找雌性熊猫。不管去哪里，熊猫们似乎都不紧不慢。像其他熊类一样，熊猫在走路时会左右摇晃肩膀和屁股，这种姿势称为"对角步行"；但是与其他近亲不同的是，熊猫很少奔跑，就算逃离危险也只会快步走。

因为栖息地偏远，针对野生熊猫的重要的科学研究很少。

熊猫经常喜欢在大树的树杈上休息，它们异乎寻常的敏捷身手与庞大的体形极不相称。

独居生活

熊猫漫步在中国西南部和中部的小片森林里，寻觅着最甜最新鲜的竹子。它们除了吃饭和休息之外，几乎什么都不干。野生熊猫能活到 20 岁，而人工养殖的熊猫能多活 10 年。熊猫从不整夜睡觉，因为它们每睡 4 小时的觉，就会起来吃 8 小时的饭。一只成年熊猫会背靠大树坐着，花几小时的时间，把抓得到的所有成熟竹子都吃完。

熊猫极少遭遇捕食者的威胁，只有花豹和名为"豺"（chái）的野狗是少数能伤害熊猫的捕食者。熊猫与猪獾（huān）、椰子猫、鼬和竹鼠等小动物共同分享森林家园。竹鼠经常与熊猫争抢食物，它们会把竹笋连根拔起，也会将竹子拖入自己挖的地洞。众所周知，熊猫有时也会捕食这些啮齿类——尤其是怀孕的熊猫，它们需要更多卡路里和蛋白质。

雌性熊猫只能在每年 4 月末的三天之内受孕，这正是这一物种如此稀少的原因之一。另一个原因

世界上只有 2000 只不到的豺狗，它们生活在俄罗斯和印度，以及亚洲森林和丛林的碎片化栖息地里。

熊猫在白天总是精力充沛。就算断断续续地休息，它们一天也能行进至少400米的距离。

是熊猫的种群分布十分碎片化，所以这些熊类在繁殖季节也很难寻找到同类。当一只雌性熊猫准备交配时，它会用后腿在树上和石头上摩擦，留下气味标记来告诉其他熊猫它的存在。这种气味由它身上的腺体分泌，显示了它的性别、年龄和配种体况。

雄性熊猫也会留下气味标记，这既能告诉雌性熊猫哪里能找到可交配的雄性，也能警告其他雄性熊猫不要与它竞争。雄性熊猫留下气味标记的时候会倒立起来，用前爪撑起身体，将下身在树上或岩石上摩擦。气味标记的位置越高，就代表熊猫的身形越高，这既能恐吓雄性也能吸引雌性。

最近，一项由美国佐治亚州亚特兰大动物园发起的研究表明，熊猫在繁殖期也会用声音求偶。雄性和雌性熊猫有着不同的叫声，而且成年熊猫能发出一系列声音——包括咩咩声、汪汪声、低吼声和尖叫声——来宣告自己的存在，或者让异性知道自己在寻找配偶。雄性熊猫通过叫声宣告自己的体形大小，这是雌性择偶的重要标准之一，也能让雄性

决定要不要与其他可能比自己更强壮的雄性战斗来争夺配偶。雌性熊猫的叫声表明了它们的年龄，这同样是一条重要信息，雄性认为年长的雌性是更令人满意的配偶，因为对方可能已经有了做母亲的经验。

一旦一只雄性熊猫找到了合适的雌性熊猫，它们就会开始打情骂俏，相互轻咬和摔跤。这种粗鲁的游戏能让它们之间的感情更深。交配中的熊猫会花费大量的能量，因此在玩了一段时间之后，两只

熊猫十分贪玩，有人发现它们会出于好奇接近家猪和绵羊。

母熊猫舔着自己的孩子，帮助它们安静
下来，这有助于它们排泄粪尿。

熊猫会停下来休息或吃东西，然后再继续。一旦雌性熊猫怀上了孩子，雄性熊猫就会回到自己独居的领地，留下雌性熊猫独自将孩子抚养长大。熊猫宝宝在出生前会在母体内发育五个月左右。为了准备分娩，雌性熊猫会待在一处与世隔绝的洞穴里，一般是大树内的空腔或是石灰岩洞。这里将成为熊猫宝宝的家，它在此度过生命中的头六个月。

新生的熊猫幼崽食量极大，每隔大约两小时就会哭着要一次奶。

一只刚出生的熊猫，即熊猫幼崽，重量只有110克左右，体形不到它母亲的千分之一。近一半的熊猫幼崽是双胞胎，但一只雌性熊猫无法同时抚养两只幼崽，它必须选择一只，而任由另一只自生自灭。熊猫宝宝的体表只有一层薄薄的、细细的白色绒毛，有时看上去就像没有毛似的。雌性熊猫把小小的幼崽抱在怀里来给它取暖，也让它吮吸自己身体产生的营养丰富的乳汁。在生完孩子之后，雌性熊猫会在洞里待五到六天，为了孩子的温暖和安全，它甚至可以不吃不喝。

熊猫幼崽无法自行调节体温，它们的体温必须

竹林每隔 10 到 20 年就会开花一次，然后大面积枯死，没有食物的熊猫们也会跟着大量死亡。

维持在 36℃ 左右，所以它们需要靠母亲来保暖。当雌性熊猫离开洞穴时，它不敢在外面逗留，而会在几小时内匆忙赶回。六周后，熊猫宝宝是出生时的两倍大了，它会睁开眼睛。又过了三到四周，它就能在洞里爬来爬去了。大约第十周，它开始长出蓬松的黑白毛发。又过了四周，熊猫宝宝开始长牙了，但是还不能吃竹子。虽然雌性熊猫出洞觅食的时间越来越长，但它从不会忘记回来照看自己的孩子。

熊猫宝宝长到五个月大的时候，已经是母亲的迷你版了。它们有着厚厚的毛皮和健壮的四肢，能稳稳当当地走路，也爱和母亲玩游戏，比如爬到树上再从母亲背后滚下来。当熊猫宝宝六七个月大的时候，母亲会带它出洞，去探索森林，并开始喝水吃竹子。在接下来的十二到十四个月里，雌性熊猫会拼命保护自己的幼崽。等到熊猫宝宝长到两岁左右时，有大约 55 千克重，并且能独立生活和觅食了，它的母亲就会赶走它，因为她需要为下一轮繁殖季节与另一个孩子做准备了。

年轻的熊猫会在母亲的活动区旁边建立自己的活动区。它已经在母亲那里接受了充分的训练，能爬到树上躲避花豹之类的捕食者，也会选择最好吃的竹子食用。在一生的头几年里，它还非常贪玩和好奇，也许这会持续到它的体重翻倍，成为一只成年熊猫为止。当一只熊猫完全成熟后，它就会准备生育自己的后代。雄性熊猫在七岁左右成熟，雌性熊猫在六岁左右。

不同的熊猫幼崽长牙的顺序不同，有些先长前牙再长后牙。

大熊猫的介绍

阿曼德·大卫神父

当我们为了寻找白熊的踪迹，在那些最神秘的山里探险时，他们并没有误导我们。大卫神父匆忙地询问那些猎人，他们向他保证，不久之后他就能得到那种神奇动物的毛皮。事实上，他并不期待占有这种巨大的哺乳动物，哪怕它们有着独特的身体结构和罕见的毛皮颜色，并曾因此一度引人注目。这种动物的体形与一般的熊相当，毛皮是白色的，有着黑色的耳朵、眼圈、四肢和尾尖，它们的耳朵很短，脚底长满了厚毛。很多时候，自然学家都不爱在颜色上花太多工夫，他们尤其不喜欢多考虑黑色和白色；但是他们抓到了一些不同年龄段的个体，所以毫无疑问，这种著名的食肉动物"Mou-pin"的毛皮非常有特色。

这种动物有着熊类的外貌特征和身材比例，如果它真的属于哺乳类那一类群的话，发现一个特点如此鲜明的生物已经能带给我们不小的好处了；然而它的发现还有其他更伟大的意义：这是一个全新物种的代表，它的骨骼形状、牙列以及类似美洲大鼠的牙齿形状都和熊类不一样，更确切地说，这与我们在中亚山林里发现的"红熊猫"很相似，然而红熊猫的体形几乎不比一只猫大多少。

摘自《华北自然史》

熊猫大骚乱

熊猫是中国的国宝，将它们当礼物赠送给友人一直是中国领导人的一项传统。早在公元685年，武则天就将熊猫作为和平的象征送给日本天皇，这是最早的关于熊猫外交的历史记录。而最初遇到熊猫的欧洲人也把它们视为另一种意义上的宝物。在19世纪，许许多多欧洲人来到中国旅游。修道士兼动物学家阿曼德·大卫神父于1869年发现熊猫之后，把它们写进了自己的作品——1873年出版的《华北自然史》里。

大卫的书和其他关于熊猫的报道激起了捕猎大型动物的猎人们的兴趣。19世纪至20世纪早期，这种神秘的动物受到许多猎人的追求。美国前总统西奥多·罗斯福的两个儿子射杀了两只大熊猫，把它们送到芝加哥的菲尔德自然史博物馆，但是这礼物并不受欢迎，这与博物馆里的老虎、狼、猎豹等其他野生动物标本都不同。人们都认为那些动物是凶残致命的猛兽；而熊猫是可爱的，让

在三次来中国的旅程中，阿曼德·大卫神父记录了 63 种从未被科学家发现的动物品种。

2006 年出生在亚特兰大动物园的熊猫"美兰"被亚特兰大《星期天报》票选为"年度人物"。

人想拥抱的动物，不应该遭受如此的命运。人民的强烈抗议催生了一项新的活动：捕猎活的熊猫。人们希望看见熊猫在动物园里玩耍，而不是被电锯屠杀，或是被当作立体模型展出在博物馆里。

1937 年，第一只熊猫来到北美，它名叫"苏琳"，在芝加哥的布鲁克菲尔德动物园安家落户。第二年，熊猫们也来到了纽约的布朗克斯动物园。1939 年，一只名叫"乐乐"的大熊猫也来到了圣路易斯动物园。从此以后，中国向世界各地的动物园赠送了许多大熊猫，它们在那里也继续受中国政府监护。1972 年，中国将一对名叫"玲玲"和"兴兴"的大熊猫作为官方礼物送给美国总统理查德·尼克松。它们被安置在华盛顿的美国国家动物园。这对熊猫夫妇一生有过五个孩子，但都只活了不过几天。

直到最近，大部分人工养殖的熊猫都活不长，后代也无法存活，这是因为动物饲养员对这种动物了解太少，无法为它们安排合理的膳食和活动。然而现在，科学家们已经研发出了饲养和人工繁殖大

熊猫的技术。圣地亚哥动物园是这方面最成功的机构之一，这里有世界著名的大熊猫研究中心，它不只为现有的大熊猫服务，也帮助它们繁殖下一代。

圣地亚哥动物园对熊猫健康、成长和繁殖的研究始于 1996 年，对象是中国政府延期捐赠的两只熊猫"白云"和"石石"。1999 年，"白云"生下了"华美"——第一只在北美出生并活到成年的大熊猫。四年之后，"白云"生下了"美生"，两只

1938 年，作为苏琳的伴侣，一只名为"梅梅"的大熊猫幼崽从中国来到布鲁克菲尔德动物园。

在《小熊猫大逃亡》里，主角莱恩将熊猫宝宝起名为约翰尼，这是他最好的朋友的名字。

幼崽和它们的父亲"石石"都被送回了中国，它们换来了"高高"——另一只用来与"白云"配种的雄性熊猫。2010年，圣地亚哥动物园已经拥有了四只成年大熊猫，加上"白云"的第五只幼崽"云子"，这里成了全美拥有熊猫数量最多的动物园。游客们可以登录圣地亚哥动物园的网站，通过动物园现场直播的"Panda Cam"节目观赏这些熊猫。

　　熊猫是世界上辨识度最高也最受人喜爱的动物之一。它们的形象已被许许多多的组织用作logo和吉祥物，其中有熊猫快餐连锁店，有世界野生动物基金会，还有埃德蒙顿的阿尔伯塔大学女子体育队"熊猫队"。熊猫晶晶是2008年北京奥运会的吉祥物"五福娃"之一。熊猫的身影甚至出现在网络游戏的世界里，著名的《魔兽世界》系列网游里，"熊猫人"是玩家可选种族之一，它们是一群人形的熊猫，热爱自然，爱好和平。

　　电影世界里有许许多多的熊猫形象，它们有的是真实的熊猫，也有的是机械玩偶和动画角色。

熊猫需要吃大量的食物，因为它们只能消化自己吃下的植物的 17% 来用于新陈代谢。

随着《功夫熊猫》的大获成功，它的电影续集、电视节目、电脑游戏、漫画书和玩具接踵而至。

1995 年的电影《小熊猫大逃亡》以真实拍摄的熊猫镜头与电子动画相结合的手法，讲述了一群偷猎者准备杀死熊猫妈妈，卖掉熊猫宝宝，而一个中国女孩打算拯救熊猫宝宝，以及一个在中国度假的西方男孩如何卷入女孩的拯救计划的故事。这部电影在中国的成都拍摄，那里有成都大熊猫繁育研究基地。2001 年，IMAX 电影《中国：与熊猫共探险》也在中国拍摄，电影里出现了训练过的熊猫和野生的熊猫。

也许荧幕上最有名的熊猫还是梦工厂动画片《功夫熊猫》（2008）中的主角阿宝。阿宝一直梦想成为一名伟大的武术家，但总缺乏自信和自律。在拜功夫大师小熊猫"师父"为师后，阿宝一步步学会了实现梦想必需的技能，最终成为神龙大侠。相关电影《功夫熊猫之盖世五侠的秘密》于2008 年作为 DVD 发行，续集《功夫熊猫 2》（2011）讲述了阿宝和他的师兄弟们的又一场冒险经历。

《熊猫为什么不吃饭》（2008）是一部由鲁

斯·托德·伊文斯创作的画册，它讲述了圣地亚哥动物园第一只熊猫的真实故事。故事里，饲养员们为无法让熊猫吃饭而着急，在动物园隔壁的奎尔植物园的帮助下，这个问题最终在 2009 年得以解决。奎尔植物园于 2009 年更名为圣地亚哥植物园，园内独特的竹园为动物园提供了各种各样的竹子，其中一些竹子正是熊猫想要的食物。现在，圣地亚哥植物园和动物园里都种着竹子，以便供养动物园的熊猫。

圣地亚哥动物园的"动物园兵团"项目征募青少年志愿者，向大众普及动物与动物保护方面的知识。

在中国成都大熊猫基地，医生和科学家们正致力于为大熊猫奉献尽可能多的关爱。

灭绝的边缘

虽然近年来，野生大熊猫的数量略微回升——这要感谢新的保护法——但科学家们依然担心它们达不到繁殖所需的稳定数量，而这将导致这一物种的灭绝。每年，熊猫都只有很短的一段时间可以交配，栖息地的碎片化也让它们难以及时找到配偶；就算交配成功了，母熊猫也只抚养一只幼崽。这些障碍限制了熊猫种群数量增长的潜力。另一方面，就算熊猫的种群数量真的恢复了，人类也没有足够的土地来供养它们，因为大量竹林都被砍伐，用于城市和农村建设了。

在人工养殖的环境下，熊猫似乎在失去繁殖的本能，因此在中国，人工繁育熊猫是一件艰苦的工作。中国的四川大熊猫保护区由七个主要的熊猫研究中心组成，这里养育着世界上约三分之一的大熊猫种群。这些机构中最大的是卧龙国家级自然保护区的大熊猫研究中心，其中居住着近 100 只人工养殖的熊猫。从 1963 年起，这里总共

根据中国传统，人工繁殖的熊猫宝宝在 100 天时起名。

诞生了 60 多只熊猫幼崽。

2008 年 5 月，一场大地震袭击了四川省，重创了卧龙山的大熊猫研究中心，许多熊猫受伤，一只死亡。基地里的熊猫们被转移到了安全的地方，同时，中心的设备则在重修。新的中心位于黄草坪村，距离被地震毁灭的城市约 10 千米。圣地亚哥动物园与卧龙山合作，为这项计划提供资金。

另一个中国大熊猫研究中心——成都大熊猫繁育研究基地，被认为有着世界顶级的设备。从 6 只在野外获救的熊猫开始，这里已成为中国最重要的大熊猫研究中心，居住着 60 多只熊猫。有超过 100 只出生在成都的幼崽被送往全球各地的动物园，包括美国、英国和日本。为了确保全世界的繁殖项目都有最大的基因多样性，每一只熊猫出生的细节都被记录在册。

凡是有熊猫生活的动物园和研究中心都在开展针对熊猫生活的方方面面，包括行为、食谱和繁殖的重要研究。动物行为学专家制定了一种详

虽然野生熊猫习惯独处，但人工养殖的熊猫们相互之间相处得很好。

通过观察熊猫的行为，饲养员也能决定动物园里应该添加什么道具。

细的表，用来记录一个物种的各种重复行为，这个关于行为的表单叫作行为谱。第一份熊猫行为谱是华盛顿特区美国国家动物园的生物学家黛布拉·克莱曼在 1983 年制定的。在那之后，熊猫行为谱逐渐囊括了其他不少观察到的行为。通过这些研究，科学家们就能比较养殖熊猫和野生熊猫的行为区别了。

举例来说，野生熊猫每天要花 10 小时来觅食，但养殖熊猫能从饲养员那里得到更有营养的食物，所以每天只需要花 4 小时觅食，这让它们有大量的时间来玩耍。研究动物行为的科学家们做了进一步的改进——用玩具、建筑、智力玩具和其他物品来改善养殖动物的精神状态。

熊猫天性好奇，就算是成年熊猫也会玩塑料球、食物分配机之类的玩具。

养殖熊猫的食物可不只有大量新鲜的竹子，饲养员也给它们喂食由大豆、竹笋、鸡蛋、面粉、玉米面、维生素和矿物质混合成的名为"窝窝头"的坚硬小面包。

它们也吃裹着胡萝卜或山药的冰块，这种食物不仅让熊猫凉快，也锻炼了它们解决问题的能力，因为从冰块里咬出蔬菜对熊猫们是一项挑战。

科学家们一致认为，帮助熊猫繁殖是养殖它们的最重要原因。"双胞胎交换"的秘密是人工繁殖方面最有价值的发现之一。几年前，人类护理者还无法让被母亲抛弃的熊猫幼崽活过几天。之后他们发现，如果持续不定期交换双胞胎的位置，而让母熊猫分别接触两个孩子的话，母熊猫就不会发现它其实是在抚养两只幼崽。实行"双胞胎

多样的活动环境让养殖动物能展示出很多自然的行为。

交换"意味着双胞胎都有机会活到成年。

因为熊猫的自然栖息地正在缩小，人们实在无法救助所有的野生熊猫，但是科学家们希望让它们在地球上生存得越久越好。于是他们尝试着另一个更加艰难的保护方法——克隆。

1999 年，中国科学院动物学部门的一支科学小组通过把熊猫 DNA 注入兔子的卵细胞，创造了一个熊猫胚胎。三年之后，他们找到了将熊猫胚胎植入母猫体内的方法。虽然母猫无法生下熊猫宝宝，但这次实验已经是让其他动物代孕生下熊猫幼崽的第一步了。科学家们一直在为熊猫宝宝寻找合适的代孕妈妈，但是克隆技术还在起步阶段，他们也担心将熊猫的未来托付在克隆技术上并不让人放心。直到现在，熊猫养殖工程还是让这种熊类生存下去的最佳方式。

大部分养殖熊猫一生都待在人工环境里。虽然有些养殖熊猫已经被放归自然，但其中的大部分都没能活下来，它们不是饿死，就是死于和野

生态猫争夺领地。这让野生熊猫种群的再建设工作出奇地困难。

熊猫濒临灭绝，岌岌可危，它们挣扎在环境变化带来的影响和偷猎、砍伐森林等人类活动之中。而另一方面，科学家们依然乐观。为了让这种独具特色的动物能安全而长久地生活在地球上，大规模开展的栖息地保护再造（开垦）工作至关重要。

2011 年，中国科学家展开了一场为期两年的野生熊猫普查，从粪便样本中采集熊猫DNA，并记录在册。

动物寓言：
熊猫的斑纹

几百年来，中国西南部四川省浓密的竹林一直在中国文化里扮演了鲜明的角色。这个古老的民间传说讲述了竹林生态系统的重要成员——熊猫是如何获得独特的斑纹的。

很久以前，世界上没有熊猫，只有白熊。它们住在四川的竹林里，整天吃竹子、玩游戏。有一天，一个小女孩——一户贫穷农民家的女儿误入了竹林，偶遇了一只小白熊。小女孩和小白熊好奇地看着彼此，突然二话不说就相互追逐打闹起来，一路穿越竹林。小白熊的母亲在一旁远远地看着，确认了小女孩不会伤害自己的孩子。于是小女孩和小白熊一起玩了一整天。夜幕降临了，小白熊和它的母亲送小女孩回到了她在村子里的家。

之后的很多天，小女孩都来到森林里找小白熊玩，他们成了很好的朋友。白熊妈妈对两人的友谊感到很高兴，只要自己的孩子在小女孩身边是安全的，它就可以一整天悠闲地咀嚼着竹笋，看着他们在一旁玩耍。

有一天，小女孩和小白熊正在竹林里玩，突然，听到了一个奇怪的声音，像人在咳嗽。声音越来越大，小女孩和小白熊觉得他们必须找到白熊妈妈。在他们回过头来，刚要沿着小路去白熊妈妈最爱的觅食区时，一只花豹从灌木丛里跳出来，盘腿坐在他们面前，一边咳嗽一边喘气，像所有的花豹被激怒时一样。

花豹扑向小白熊，小白熊害怕得尖叫起来。小

女孩立刻捡起一块石头朝花豹砸去。听到孩子的喊声，白熊妈妈沿着小路一路跑来，但还是太晚了，花豹已经抛下小白熊扑向小女孩，将她按在地上，狠狠地压死了她。白熊妈妈朝花豹大吼，露出尖利的牙齿，花豹逃走了。

白熊母子对小女孩的死伤心极了，哭了起来。不一会儿，森林里所有的白熊都聚集在小女孩的尸体旁，听小白熊讲述她如何牺牲自己，拯救它的生命。所有的白熊都哭了，它们伤心欲绝，用爪子撕扯着地面。当它们用沾满泥土的爪子擦眼泪时，黑色的斑纹就留在了脸上。哭泣的白熊们相互拥抱，满是泥土的爪子蹭在彼此背上，在背部中央留下了黑色的痕迹。哭声更剧烈了，它们用爪子捂住耳朵来阻挡彼此悲伤的声音，耳朵上也留下了黑色的痕迹。

因为悲伤源源不断，白熊逐渐消失了，它们变成了熊猫。为了纪念那位小女孩的勇敢行为，直到今天，熊猫们还保留着黑色的斑纹。

小词典

【人工养殖】

在无法逃离的地方出生和被养育。

【克隆】

用科技手段完全复制生物体。

【去森林化】

砍伐森林里的树木。

【DNA】

脱氧核糖核酸,生物体内决定性状的物质。

【生态系统】

环境内所有生物组成的共同体。

【胚胎】

未发育完全或未孵化的幼体。

【进化】

逐渐演变为新物种。

【灭绝】

物种逐渐死亡的过程。

【冬眠】

减缓心跳和呼吸,以类似睡眠的状态过冬。

【新陈代谢】

维持生命的过程,包括能量和食物的利用。

【营养物质】

帮助生物成长、给予生物能量的物质。

【偷猎者】

非法捕猎保护动物的人。

【养育】

抚养照料孩子或小动物直到成年。

【动物学家】

研究动物及其生活的人。

部分参考文献

Angel, Heather. Panda: An Intimate Portrait of One of the World's Most Elusive Characters. London: David & Charles, 2008.

Chengdu Research Base of Giant Panda Breeding. "Homepage." Chengdu Panda Base. http://www.panda.org.cn/english/index.htm.

Lindberg, Donald, and Karen Baragona. Giant Pandas: Biology and Conservation. Berkeley: University of California Press, 2004.

Lumpkin, Susan, and John Seidensticker. Smithsonian Book of Giant Pandas. Washington, D.C.: Smithsonian Institution Press, 2002.

Maple, Terry L. Saving the Giant Panda. Atlanta: Longstreet Press, 2000.

San Diego Zoo. "Panda Cam." http://www.sandiegozoo.org/pandacam/index.html.

注意:

我们力保以上罗列的网站在本书出版之际仍保持运营。但由于互联网的特性,我们不能确保这些网站能无限期活跃,也不能保证里面的内容不会改变。

*本书动物科学知识由浙江大学动物科学学院徐子叶女士审订。

幼年熊猫爬树的目的是为了躲避捕食者，或是避免与更大、更凶猛的熊猫竞争。